专业发型造型教程

高级篇

张 蓬 编著

人民邮电出版社

北 京

图书在版编目（CIP）数据

专业发型造型教程. 高级篇 / 张蓬编著. -- 北京：
人民邮电出版社，2019.2
ISBN 978-7-115-48939-5

Ⅰ. ①专… Ⅱ. ①张… Ⅲ. ①发型－设计－教材
Ⅳ. ①TS974.21

中国版本图书馆CIP数据核字(2018)第165759号

内 容 提 要

本书是专门针对专业造型师的发型设计教程，在入门篇和中级篇的基础上难度升级，书中由浅入深逐步扩展造型设计，详细图解了编辫技术造型、发卷技术造型、烫发技术造型、手推波技术造型、综合应用技术等共8大类40种造型。

本书适合美发培训学校师生、职业学校师生、美发师、化妆师、造型师阅读。

◆ 编　著　张　蓬
责任编辑　李天骄
责任印制　周昇亮

◆ 人民邮电出版社出版发行　　北京市丰台区成寿寺路 11 号
邮编　100164　电子邮件　315@ptpress.com.cn
网址　http://www.ptpress.com.cn
北京捷迅佳彩印刷有限公司印刷

◆ 开本：787×1092　1/16
印张：13.5　　　　　　　　　2019 年 2 月第 1 版
字数：702 千字　　　　　　　2024 年 8 月北京第 3 次印刷

定价：99.00 元

读者服务热线：(010)81055296　印装质量热线：(010)81055316
反盗版热线：(010)81055315
广告经营许可证：京东市监广登字 20170147 号

目录

第1章
编发基础

第2章
做出具有"质感"发型的技术

第3章
活用编辫技术的设计

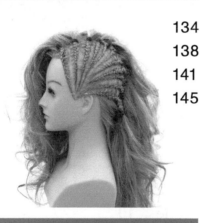

编发基础

设计各类发型之前，首先要选择需要的工具。开始设计发型之前，要了解以下介绍的这些基础知识。

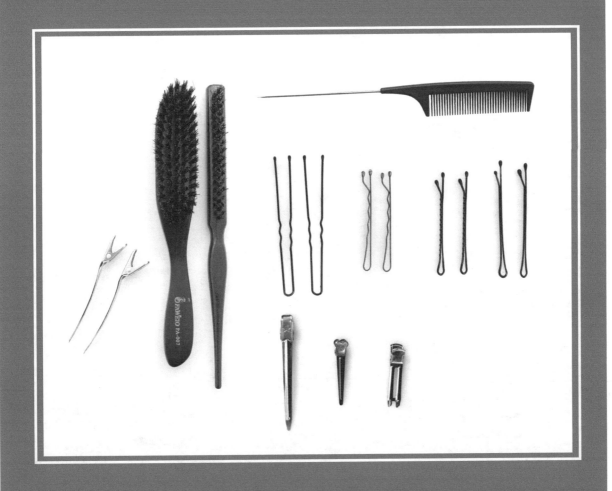

1.1 基本工具

制作发型时必需的工具

尖尾梳

可用于取发片、梳理发束、反方向梳头发使之蓬起来，等等。梳子的尺寸不同，使用的效果也不同。最小的梳子用于编结，因为拿在手中的时候梳子末端不会妨碍编发，所以适合细微的工作。

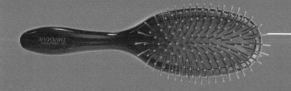

S形梳

鬃毛较多且长，能够充分地梳到发束的内侧。在最初的阶段梳理发束、整理头发的走向时使用。

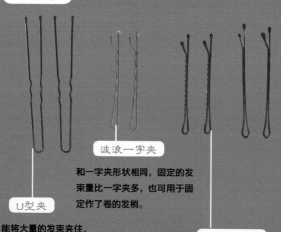

气垫梳

配合吹风机和需要梳出头发光泽时使用，整理发卷的走向时也经常用到它。

发夹

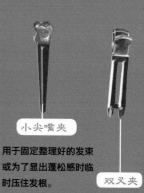

波浪一字夹

和一字夹形状相同，固定的发束量比一字夹多，也可用于固定作了卷的发梢。

U型夹

能将大量的发束夹住，但是由于在没有基础的地方很难固定，所以要制作出头发的基础后再进行固定。

简约一字夹

闭口的夹子，既能使用发于发梢，又能和头发融合而不显眼。

大尖嘴夹

如图所示，选择夹子内侧没有防滑齿的类型。制作由曲面构成的发型时，能够在表面不留痕迹地固定发束。

小尖嘴夹

用于固定整理好的发束或为了显出蓬松感时临时压住发根。

双叉夹

用于将头发好好压住，或使头发立起来。

橡皮筋和橡皮圈

扎一股辫或集中发束时使用，但是橡皮筋使用起来比橡皮圈更加方便，长度在25~26厘米的比较好用。

1.2固定的基本技术

用锁定的结构使造型连接起来的固定技术，相当于发型设计的黏合剂，可以说是一种非常重要的技术。在这一章中，主要学习通过固定技术设计出富有变化的组合造型。

马尾的基本介绍

马尾的各部分名称

马尾有很多种类型，能做出多种多样的设计。首先来介绍马尾的基本构成。

根
面向扎点拉伸头发，使马尾扎得比较牢固。在使用做发髻的时候，经常会用卡子将发髻根部别好，以达到更好的固定效果。

扎点
将用皮筋扎起来的部分作为底部基础的起点。

束
扎起来的头发，既能卷起来对底部进行支撑，又能表现出面的质感和卷发的质感。

> **小贴士**
> 马尾的个数由扎点来决定，1个扎点为1个马尾，2个扎点为2个马尾，以此累计。

扎橡皮筋的基本技术

头发根部

1. 确定根部的位置，用力拉出一束头发。
2. 然后用橡皮筋在根部进行缠绕。
3. 注意缠橡皮筋的时候，头发不要移位。先缠一圈。
4. 再缠1圈。
5. 第3圈的位置要比第2圈往里（即靠近根部）。
6. 缠3圈后，打一个结。
7. 再打一个结。
8. 打结结束。

侧面　　　　　　　　　　　　背面　　　　　　　　　　　　侧面

本书的基本技术解说

1.3主要的连接类型

根据不同的设计，连接的类型也有很多种，这里介绍本书中使用的几种连接类型。

头顶处单马尾
扎点设在黄金点，是上升造型中使用比较多的一种类型。

后脑单马尾
与头顶处单马尾相比，重点稍微下降，扎点设在后脑点。

上下三马尾
在头顶处马尾和后脑单马尾的基础上，将每个发区分成三小发区沿头部轮廓扎起。

连接马尾
一个马尾和另一个马尾相连接，一般在需要更大的底部基础或者需要形成较大的面时使用。

1.4固定的基本技术

固定技术，其作用和生活中的黏合剂是一样的，是将扎好的马尾排列好、使一种构造和另一种构造相结合，也是上升造型所必需的基本技术。

平行固定 顺着表面的发流，按住表面头发的同时，插入小发卡。

1 卡子要插入到接近头皮的位置，卡子的固定位置。

2 插入第1个波浪夹，找到第1个

3 插入第2个波浪夹。

4 第2个卡子的固定位置。

5 第3个波浪夹的插入位置。

6 平行地插入第4个卡子。

7 卡子插入完毕。

小贴士
一直从一个方向插入卡子的话，头发会一直向这个方向流动，如果最后从反向插入一个卡子，则会使头发恢复自然的平整状态。

根据平行固定用假发制作发髻的方法

1 将卡子整理平行。

2 将假发安装到平行固定处。

3 在假发和平行固定的头发之间插入波浪夹。

4 反向也插入波浪夹进行固定。

5 然后用头发向上覆盖假发。

6 用波浪夹固定住头发。

7 最后从反向插入卡子。

拧式固定

用波浪夹进行固定的拧式固定

1

将头发向上拉起。

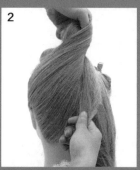
2

翻转手腕。

3

将发束拧住。

4

在拧着的部分插入波浪夹。

5

将卡子往里插。

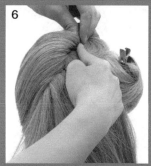
6

深度接近头皮。

7

拧式固定完成。

用 U 型夹做成的拧式固定

插入方法和使用波浪夹一样。对已经固定好的头发进行再次固定，或者固定发量较多的头发时，使用U型夹。

1

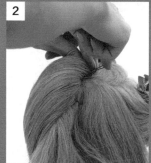
2

3

对头发进行强力固定时使用的拧式固定

将头发拧成卷状或蜗牛状时使用。

1

将U型夹插入发束。

2

使卡子从一边贯穿到另一边。

3

将卡子露出的部分折弯。

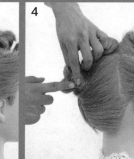
4

将两根都折弯，固定好。

交叉固定

U 型夹 3 个

发量多的时候，或者想固定得十分稳固时使用。

1

2

3

4

插入第1个U型夹。

从反向将U型夹咬合插入。

第3个U型夹从前两个波浪夹交叉点的上面垂直插入，插入后在距离头皮较远的地方再横向插入。

交叉固定完成的情况。

U 型夹 2 个

1

2

3

4

插入第1个U型夹。

第2个U型夹从反向插入。

一直插到中间。

交叉固定完成的情况。

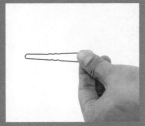

卡子在发髻中的状态

U 型夹和波浪夹并用

1

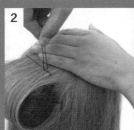
2

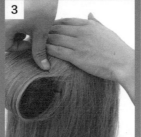
3

4

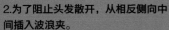

1.插入U型夹。
2.为了阻止头发散开，从相反侧向中间插入波浪夹。
3.插入到里面。
4.完成固定的状态。

卡子中间的状态

第2章

做出具有"质感"发型的技术

如果使基本造型成为基础，在此基础上可以表现出什么样的形式和质感呢？在这一部分内容中，我们将把重点放在能够表现出上升造型、趣味性、质感的技术上。

造型1
表面三股辫和旋拧表面三股辫

造型2
崩坏的内侧三股辫

编辫子常见的是三股辫，三股辫又可分为表面三股辫、旋拧表面三股辫、内侧三股辫、侧面编织三股辫、单侧表面旋拧三股辫、单侧内侧三股辫等。编辫子的方法很多，这里只介绍最基本的几款。

造型3
表面单侧三股辫和鱼骨马尾辫相结合的造型

造型4
单侧内侧三股辫的轮状风格造型

造型5
旋拧绳编和旋拧三股辫

造型6
四股辫和五股辫

造型1

表面三股辫和旋拧表面三股辫

正面　　　　　　　　　　　侧面　　　　　　　　　　　背面

14

表面三股辫　将左右发束从表面交互编织的编辫子方法。

1

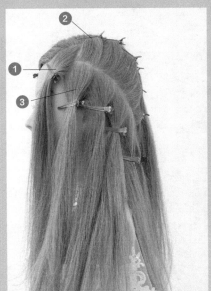

发束定位正面视图与侧视图。

2

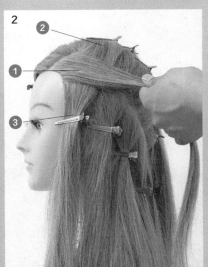

横向拉出发束①，将发束②放到发束①的上面；拉出发束③，放到发束②的上面，将发束①和④合到一起。

3

将发束②放在发束（①+④）上，向上拉，将发束⑤向后拉；将发束②和发束⑤合到一起，发束⑥向外拉；将发束③和⑥合到一起放到发束（②+⑤）之上。

4

5

将发束（①＋④）放到发束（③＋⑥）之上，向外拉发束⑦。　　将发束（①＋④）和⑦合到一起。

6

编至全部散发都添加进去为止，继续编不加束的三股辫至发尾。

7

以同样的步骤将头发编至发梢，再用橡皮筋固定住。

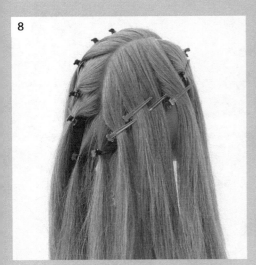

发束定位侧视图、正视图。

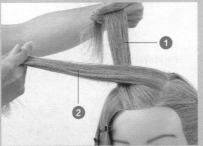

取出发束①，将发束②放到发束①之上。

将发束③放到发束②之上。

取出发束④，将发束①和④合并放到发束③之上。

将合到一起的发束（①+④）向内侧旋拧；取出发束⑤，与发束②合并。将发束（②+⑤）向内侧旋拧放到发束（①+④）之上；取出发束⑥与发束③合并，并将发束（③+⑥）向内侧旋拧放到发束（②+⑤）之上。

13 ②+⑤
①+④
⑦
③+⑥

将发束⑦取出与发束（①+④）合并到一起。

14 ①+④+⑦
⑧
②+⑤
③+⑥

将发束⑧取出与发束（②+⑤）合并到一起。

16 ①+④+⑦
③+⑥
②+⑤+⑧
⑨

将发束（③+⑥）与发梢⑨合并，以同样的步骤编辫。

15 ①+④+⑦
③ ⑥
②+⑤ ⑧

①+④+⑦
② ⑤+⑧
③+⑥
⑨

将发束（②+⑤+⑧）放到发束（③+⑥）之上向内侧旋拧。

17

继续三股辫，一直编到发梢，用橡皮筋进行固定。

18

将两个三股辫在脖颈处交叉。

19

在右侧三股辫中间插入波浪夹固定。

20

左侧三股辫中间也插入波浪夹固定。

18

21

将左右两侧马尾发辫
的发梢分别隐藏在发
束下用波浪夹固定。

正面　　　　　　　　　侧面　　　　　　　　　背面

内侧三股辫

将左右发束从内侧交互编织的方法。

1

将头发梳顺，从前额取一束头发再次梳顺后分为均等的三小束。

2

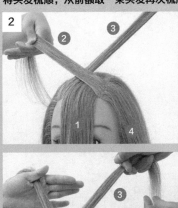 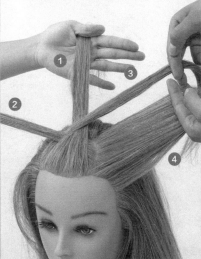 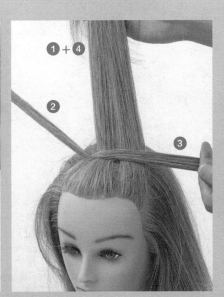

将发束③向左拉伸，发束②向右拉伸，将发束①向左拉伸。将发束③放到发束①之上，同时将发束④向外拉伸，将前面的发束①向外拉伸，和发束④合并到一起。

3

 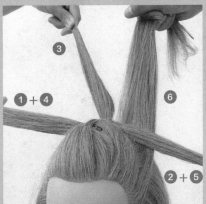 

将右侧整理好的发束⑤向外拉伸，与发束②合并到一起。将合并到一起的发束（②＋⑤）从发束（①＋④）的下面穿过向左拉伸。将左侧的发束⑥整理好，向外拉伸，将发束⑦和发束（①＋④）合并到一起。

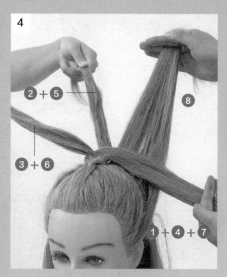

将发束⑧整理好向外拉伸，与发束（②+⑤）合并到一起。向外拉伸整理好的发束⑨，与发束（③+⑥）合并到一起。

重复以上操作步骤对后面剩余头发进行一连串的反复操作。

编至发梢，用橡皮圈固定。

用手指将脑后编好的发辫从上至下进行拉发调整。

8

继续用手指将三股辫撕出一些发绺，做出松散的效果。

9

整理造型，进行调整，需要时，可配合使用定型喷雾。

表面单侧三股辫和鱼骨马尾辫相结合的造型

正面   侧面   背面

表面单侧三股辫　从单侧掏取发束变成表面三股辫的方法。

1

沿正中线右侧取出3个发束。

2

将发束③放在发束②上面，再将发束①移动到发束③的上面，同时将发束④取出。

3

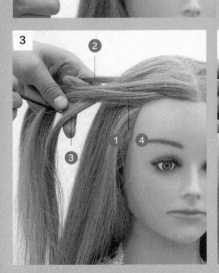

将发束①和发束④合并，放到发束③的上面，再将发束②与发束（①+④）交叉；发束②放到发束（①+④）的上面。

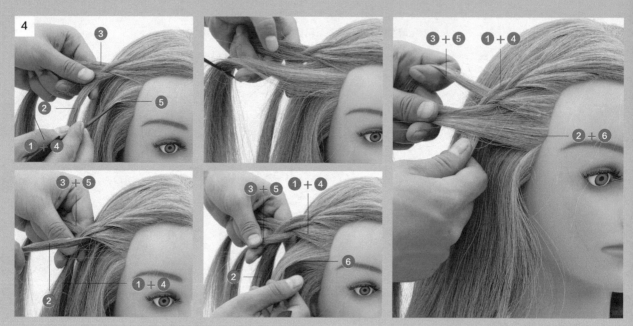

将发束③放到发束②的上面,同时取出发束⑤。把发束③与发束⑤合并,将发束(①＋④)放到(③＋⑤)的上面。将发束②放到(①＋④)的上面,取出发束⑥与发束②合并。

继续从右侧发际线处取新的发束编加束三股辫。

编单侧加束三股辫至右侧后颈处头发也添加进去之后,开始向下编不加束的三股辫,编至发梢,用橡皮圈固定。

左侧也按照同样的步骤进行。

表面单侧三股辫编完的状态。

9

用橡皮筋将两个辫子绑在一起，然后从扎点开始，向下解开辫子。

10

取出一股较细的头发，围绕扎点一直缠到发梢并固定。

鱼骨马尾辫 　上面编完后，将马尾编成鱼骨形的编辫子的方法。

将马尾分成两股，沿右侧偏于背面的位置取出一小撮发束。

将这一小撮发束拉向左边的发束。　　　然后在左侧发束中，沿左侧偏于背面的位置取出一小撮发束。

与步骤13中的小发束交叉，拉向右侧的发束，然后重复步骤11~13中的操作向下推进，一直编到发梢，用橡皮筋绑好。

造型4

单侧内侧三股辫的轮状风格造型

正面　　　　　　　　　　侧面　　　　　　　　　　背面

29

单侧内侧三股辫

只从单侧取出头发，在内侧编三股辫的方法。

1

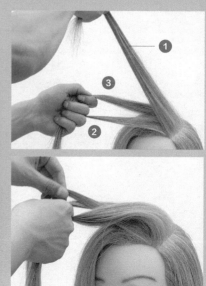

沿左侧额角位置取三个小发束。

2

使发束③从发束②的下面通过。

3

发束①从发束③的下面穿过。

4

取出发束④，与发束①合并，发束②从发束（①+④）的下面穿过。

5

取出发束⑤和发束③合并，发束（③ +⑤）从发束②的下面穿过。

6

将合到一起的发束（①＋④）旋拧。

7

将发束⑥取出，与发束②合并。

8

将发束（②＋⑥）旋拧放到发束（①＋④）之上。

9

编单侧加束三股辫至右侧鬓角处头发也添加进去之后，开始编不加束的三股辫，编至发梢，用橡皮圈固定。

10

编好的辫子再向回拧，对发梢进行固定；一边观察全体的平衡，一般将辫子撕出些发缕。

扫一扫

造型5

旋拧绳编和旋拧三股辫

正面   侧面   背面

旋拧单侧表面三股辫

左前方沿正中线取出3个小发束。

将发束①放在发束②之上、③之下，发束②放在发束③之上；发束①放在发束②之上旋拧，发束③放在①之上。

将发束③与新取的发束④合并。

将发束②拉至发束（③+④）之上，向右旋拧，发束①拉至发束②之上。

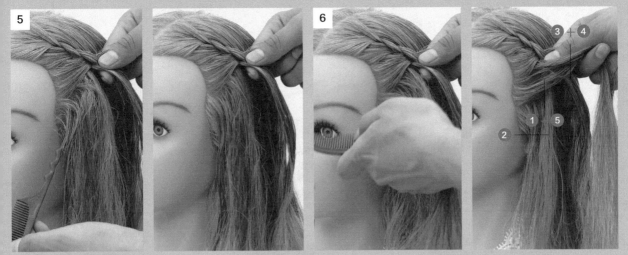

将新取出的发束⑤与发束①合并。

将发束（③+④）旋拧，发束②放到发束（③+④）之上。

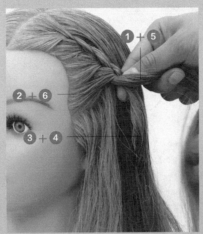

将发束②与新取出的发束⑥合并，将旋拧过的发束（①+⑤）向发束（②+⑥）的方向拉伸。

编单侧加束三股辫至左侧后颈处头发都添加完为止，继续编三股辫，一边编发，一边进行拉松的处理，编至发梢，用橡皮圈固定。

9

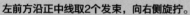

左前方沿正中线取2个发束，向右侧旋拧。

10

将发束①、②发束旋拧交叉。

11

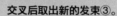

交叉后取出新的发束③。

12

掏出发束④，将发束②与发束④合并，发束（②+④）与（①+③）交叉。

13

采用同样方法在右侧编单侧加束三股辫至右侧后颈处头发都添加完成为止。

14

绳辫编好的状态。

15

将两个辫子用橡皮筋绑好。

16

从扎点处将下面的辫子解开，将下面的头发编成鱼骨马尾辫。

17

将发束松解一下，做出质感。

18

将鱼骨辫马尾卷成轮状。

19

将卷好的发束固定好，将发束松解一下，做出质感。

正面   侧面   背面

1

发束定位正面视图。

2

发束定位侧面视图。

3

将发束①取出。

4

取出发束②，将发束①从发束②的下面交叉穿过。

5

然后将发束③取出，从①的下面穿过；发束②从发束③的下面穿过。

6

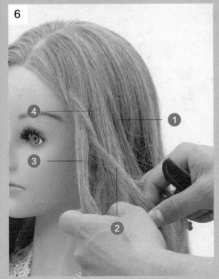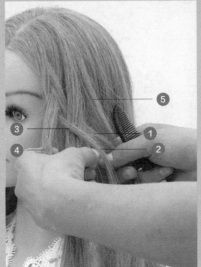

取出发束④，从发束①的上面、发束②的下面穿过；发束③从发束④的下面穿过，取发束⑤与发束①合并。

发束①＋⑤从发束②的上面、发束③的下面穿过，发束④从发束①＋⑤的下面穿过。

依照图中所示编四股辫。

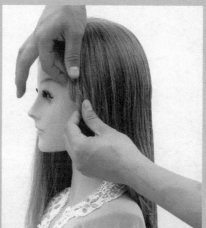

编四股辫至发梢，用橡皮圈固定住即可，并用手指进行调整。

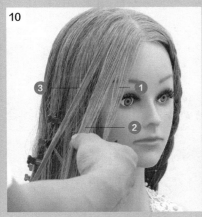

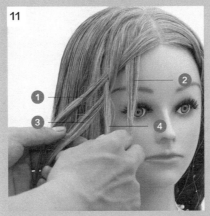

前面沿正中线右侧取3个小发束。

发束①从发束②的上面通过；取发束④，发束①从发束③的下面、发束④的上面通过。

取发束⑤，从发束①的下面、发束②的上面通过。

发束③从发束⑤的上面通过。

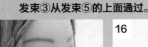

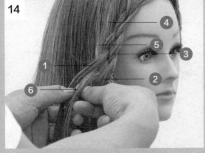

取发束⑥，与发束①合并；发束（①＋⑥）从发束②的下面、发束③的上面通过。

发束④从⑤的下面、发束（①＋⑥）的上面通过。

取发束⑦，与发束②合并。发束（②＋⑦）从发束③的下面、发束④的上面、发束⑤的下面穿过。

41

五股辫的侧、后视图。

用橡皮筋将两个发辫绑在一起，造型制作完成。

对右侧的头发进行略微拉松的操作，使发型略带蓬松感。

最后在发辫的发梢处加入珍珠发饰加以装饰即可。

 扫一扫

第3章

活用编辫技术的设计

根据辫子的使用方法和使用场所而改变造型，也是辫子的魅力之一。为了打造出想要的效果，这一部分将介绍如何使用辫子进行设计。

造型7
卷发和三股辫相结合的设计

造型8
筒状卷和蜗牛卷配合的脖颈处丸子头

本章将讲解如何通过将不同编法的发辫灵活运用到不同场合的造型上，打造出不一样的效果。

造型9
线条风格的交错设计

造型10
挑战丽芙辫和三股辫

造型11
具有空气感的发辫造型

造型12
轮流使用内侧三股辫、表面三股辫的造型设计

造型7

卷发和三股辫相结合的设计

正面   侧面   背面

将头发梳顺，取一束额前头发固定，将脑后的头发用尖尾梳的尾部分成左右两个发区。

发束定位后视图。

右侧发区的头发分成3束，编成三股辫。

编至发梢，用橡皮筋绑起来。

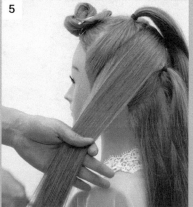

如图所示，取左侧第二束头发开始编制三股辫。

同样取左右侧对应位置上的发束进行三股辫的编制，发梢用橡皮筋进行固定。

将顶发区的马尾做成筒状卷。

用手指将筒状卷扩大，将其一侧放到前面，用波浪夹旋拧固定，在前面拉出固定好的筒状卷，整理好。

将右侧的三股辫向上提拉，在筒状卷周围进行附着固定。

将三股辫放置于筒状卷上面，呈半圆状，发梢用波浪夹固定。

将左侧上方第2个发束做成筒状卷。

同样在头顶将筒状卷扩大，将筒状卷的一侧向前用波浪夹旋拧固定，筒状卷另一侧在相反侧旋拧固定。将左侧左下方的三股辫向上提拉，中间部分进行附着固定。

将右侧上方的第二个发束做成卷筒状并将其扩大固定。

再将三股辫向上提拉，中间部分进行附着固定，发梢部分从和筒状卷缠绕的地方回转，旋拧固定。

拉伸左侧最后一束发束做成卷筒状扩大后固定，并将三股辫在其中间部分固定。

后面的部分也用同样的步骤进行平衡调节造型。

扫一扫

造型8

筒状卷和蜗牛卷配合的脖颈处丸子头

正面　　　　侧面

侧面　　　　背面

编发过程

1 发束定位后视图。

2 将右边侧发区的上段头发向后拉伸，用尖尾梳的尾部将发束卷起来。

3 将发束向脑后松弛地进行逆时针扭转。

4 卷好后的发束在后面马尾的发根周围旋拧固定。

右边侧发区向下取第2个发束，同样旋拧，在后面马尾的根部固定。

向下取第3个发束，同样旋拧，在后面马尾的根部固定。　　向下取第4个发束，同样用尖尾梳的尾部旋拧。

将拧好的发束围绕后面马尾根部旋转一周，然后将发梢旋拧做成蜗牛卷，旋拧固定。　　固定后的状态。

10

11

左侧的头发则分成上下2个发束，取第1束发束进行拧转固定。　　　第2个发束，也像右侧一样旋拧固定。

12

将左侧第2个发束在后面马尾根部回转一周，做成蜗牛卷，旋拧固定。

13

15

从马尾中取出一小束头发，用手指向右拧。

14

在马尾左边做出蜗牛卷。　　　　　　　　　　将蜗牛卷旋拧固定。

52

16

然后将蜗牛卷抻直，注意平衡的同时调整形状拧转固定在脑后。

17

继续将脑后剩余发束做出蜗牛卷，注意平衡，同时调整形状。

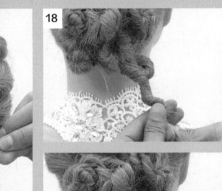

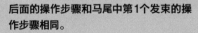

18

后面的操作步骤和马尾中第1个发束的操作步骤相同。

造型9

线条风格的稠密交错设计

正面   侧面   背面

1

在前额区以左侧黑眼珠向上的延长线为界将头发左右分区，在发际线处取一小束头发，用鸭嘴夹固定。

取左侧脸的发束，用鸭嘴夹固定在脸侧。

2

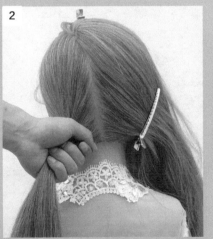

3

将脑后的头发分成左右两个发区，分别用橡皮筋固定。

固定后的状态。

4

顺着脸部发际线，用粗齿的梳子将发片分成一股股细线向后拉伸；将发束集结后拉向右侧马尾的根部，用波浪夹固定。

再用粗齿的梳子沿分界线取发片，将发片分成一股股的细线向下拉伸，与横着的线条贴在一起，喷上发胶。

发束集结后，在脖颈附近用波浪夹固定。

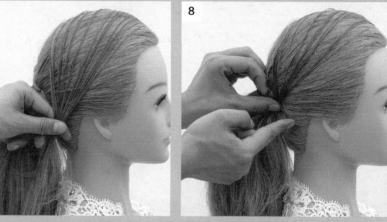

相反侧也同样，将头发表面做成交织的漂亮的线，用发胶固定。

将发束集结在一起，发梢旋拧，用波浪夹固定在耳后位置。

将左侧的马尾分成左右2个发束。

左边的发束，撇开发梢，用手指卷成卷，发卷中间部分固定，其余的发束也同样操作，撇开发梢，用手指卷成卷，发卷中间部分固定。

右侧马尾分束，用手指将其做成卷并用波浪夹固定。

将剩余马尾分成2束，用手指将其做成卷并用波浪夹固定。

发梢做出1个卷，用波浪夹固定。

将最后一束发束用手指做卷，用波浪夹固定在脑后。

扫一扫

挑战丽芙辫和三股辫

正面　　　　　　　　　　侧面

侧面　　　　　　　　　　背面

编发过程

1

发束定位正面视图。沿脸部发际线取5毫米厚的发片，从左侧额角处分成两份，分别放置。

将脑后发束扎成2束马尾。

发束定位后视图。

发束定位侧视图。

将左侧的发片喷上发胶，便于之后的操作。

从左侧额角分界线处，分出5毫米厚的小发片，和左侧发际线的头发一起，开始编成三股辫。

三股发束编一次三股辫之后，分别从左右两侧发束旁边取新的发束添加进去，编加束三股辫。

继续编发至左右两侧鬓角处的头发都添加进去之后，开始编不加束的三股辫至发梢处。

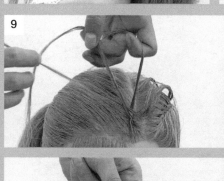

右侧也同样进行加束三股辫的编织。

右、左侧添加新的发束至头顶的发旋附近，而后开始编三股辫，直到发尾，最后用橡皮圈进行固定。

11

从右侧马尾中取出一束头发，分成3股编成三股辫。

12

重复上述步骤，在右侧马尾处取第2束头发编三股辫，编至发梢用橡皮圈固定。

13

马尾其余的头发也都同样编成三股辫。

14

左侧的马尾也同样都编成三股辫。

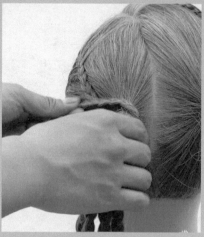

将从脸部线条开始编制的丽芙辫的发梢，围绕马尾的扎点缠绕，最后用波浪夹固定。

右侧也相同。

像图中这样，将马尾的三股辫一根根地固定在扎点周围。

18

按照同样的步骤操作。

19

左侧和右侧一样，按照同样的步骤操作。最后将发梢的橡皮筋去掉，这样发梢就更具有动感。

 扫一扫

具有空气感的发辫造型

正面　　　　　　　　　　侧面　　　　　　　　　　背面

1

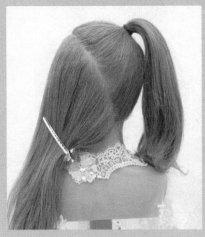

将头发用梳子梳理，如图所示把左侧发区发束用鸭嘴夹固定，右侧发束用橡皮筋固定在头部右侧。

2

3

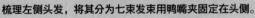

梳理左侧头发，将其分为七束发束用鸭嘴夹固定在头侧。

发束定位后视图。

4

5

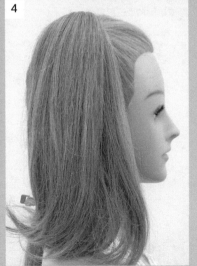

发束定位的左、右侧视图。

后脑区分界线左侧，沿发际线取出3个发束，从右侧一边掏出头发，一边进行单侧表面三股辫的编织。

6

完成一次三股辫的编发后，开始添加新的发束。

7

沿额头发际线取新的发束添加到三股辫之中，注意只从右侧添加发束，左侧则无需添加发束，形成单侧加束三股辫。

8

向前推进编织。

编完后拿住发梢，用手指将编好的部分撕拉一下；发辫左侧多破坏一些，右侧控制好，将辫子放在前面。

另一个马尾用手指打散；将破坏后的发卷进行固定。为了支撑右侧发卷的体量，用U型夹进行固定。

将发梢固定在右侧马尾的根部。

轮流使用内侧三股辫、表面三股辫的造型设计

正面　　　　　　　　侧面

侧面　　　　　　　　背面

编发过程

发束定位正面视图，所有头发向左放置。　　　　在前额位置取一束头发向左拉伸，分为均等的三股。

3

为了露出脸，所以刚开始的部分编成内侧三股辫。

4

然后为了打开脸部线条，这时从内侧三股辫改为表面三股辫。

5

左侧鬓角处的头发都添加进去之后，开始编不加束的三股辫至发梢处。

6

轻轻地将辫子弄得松散一些，表现出发辫的松弛感。

7

插上装饰品，完成造型。

扫一扫

第4章

用编辫法设计出风格独特的造型

编辫子的方法有很多种，要根据服装的质地和风格来选择合适的方法。在这里会展示一些用比较特别的编辫子的方法形成的独特造型。

造型13
适合摇摆舞的漩涡造型设计

造型14
玉米辫造型

本章将讲解如何编制独特别致的发辫，设计出优雅别致的造型，使人耳目一新。

造型15
前面十字交叉造型

造型16
使用编辫法设计的发型

造型17
用编辫法编织面纱

造型18
搭配编辫法的圆锥塔造型

适合摇摆舞的漩涡造型设计

正面

侧面

侧面

背面

编发过程

1

发束定位正面视图。

2

将全部头发喷水打湿。

73

用鸭嘴夹固定头发。将头顶中心处头发分成几束。

取第1束头发旋拧。

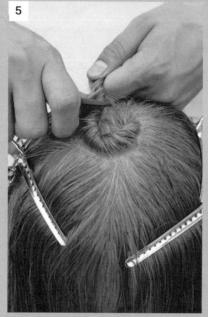

和预先定位好位置相吻合，旋拧出一个圆形。

边旋拧，边取头发，合在一起继续旋拧。

一边取下一束头发，一边合在一起旋拧。

按照这样的步骤一直拧到鬓角处。

到鬓角处后，接着向上旋拧。

用波浪夹和U型夹进行固定。

然后从另一侧鬓角处取发束，用尖尾梳的尾巴紧紧地旋拧。　　取下一束头发，合在一起继续旋拧。

持续边取发束，边合在一起旋拧，一直将剩余头发取完，最后拧到发梢。

发梢紧紧地向上旋拧，旋拧后放到刚开始做好的发卷上，用波浪夹和U型夹固定。

插入发饰，造型完成。

造型14

玉米辫造型

正面　　　　　　　　　　　　侧面　　　　　　　　　　　　背面

1

发束定位侧视图。

2

以左侧鬓角为起点,将头发呈放射状分成若干个发束,分别用夹子固定。

3

沿脸部发际线编第1个玉米辫。分别取发束①、②、③,取绳线E,从发束③的根部和发束③E并在一起。

79

4

将发束②放到③E的下面。

5

将发束①放到②的下面。

6　　　　　　**7**

取出发束④。　　　　　　发束（①＋④）从③E的下面通过。

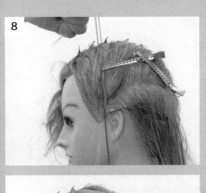

8

取出发束⑤，将发束⑤和②合并，从发束（①＋④）的下面通过。

9

取出发束⑥，与③E合并，从发束（②＋⑤）的下面通过。

10

之后持续按照编成内侧三股
辫的步骤重复操作。

玉米辫编完后在终点用皮筋儿固定，将剩下的绳线剪掉。

将玉米辫以外的部分的发束用卷发器卷成卷。

卷成卷后的状态。

15

用手指将卷解开，做出质感。造型完成。

前面十字交叉造型

正面　　　　　　　　　　侧面　　　　　　　　　　背面

1

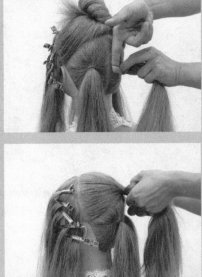

如图，将前面的头发分出待用。

2

后面的头发固定好的状态。

3

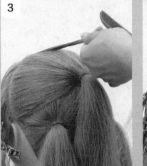

前面沿正中线左侧取一小束头发，扎紧待用。

4

将上一步骤中扎紧的头发，即发束①，拉向右下方马尾的根部，用波浪夹扭转固定。

5

前面沿正中线右侧取一个小发束，为发束②，与发束①交叉。

6

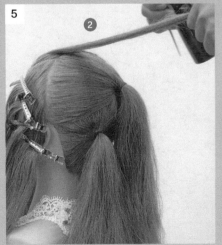

将发束②在左下方马尾的根部用波浪夹扭转固定。

前面挨着发束①的左侧取发束③，与发束②交叉；将发束③拉向右下方马尾的根部，用波浪夹扭转固定。

前面挨着发束②的左侧取发束④，与发束①和③交叉扭转，在左下方马尾的根部用波浪夹扭转固定。

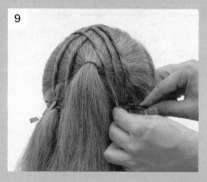

按照同样的流程，将面部周围的头发都向后旋拧，交叉固定。

用烫发棒把脑后的散发做卷。

11

12

后面中心处的马尾，将其发梢用手指打散。

 扫一扫

使用编辫法设计的发型

正面   侧面   背面

88

1

在头发自然下垂的状态下，沿太阳穴将头发上下分开，下面的头发固定为一束。

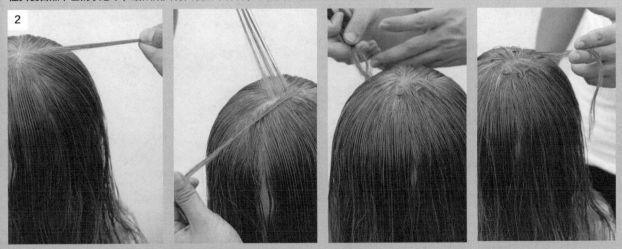

2

在头顶中心点处，用梳子将头发理成放射状，取一个细细的发束，作为纬线使用。

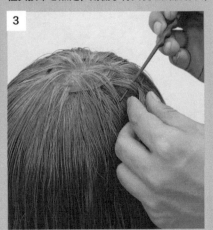

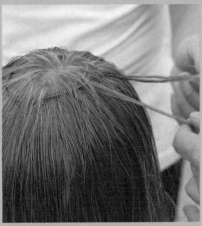

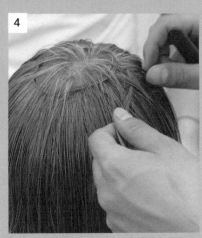

3

在放射线处，再分出一个细细的发束，作为经线用尖嘴夹固定。

4

用刚开始取出的纬线，像缝衣服一样穿过经线。

5

取第2圈经线的位置。

6

从第2圈经线开始，从经线下面将纬线掏出来；纬线和新划分的纬线合在一起。

7

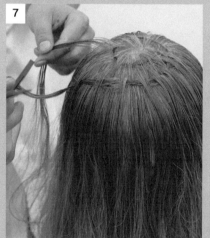

从这里开始，继续取经线编织。

8

从第3圈经线开始，用尖尾梳的尾部挑起新的经线，和将要穿过的经线并在一起，成为更粗的经线。

9

纬线也加入新的发束编织。

10

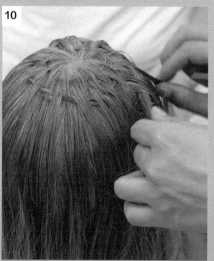

加入新的纬线之后，从新的经线开始，将经线向上提拉放置。

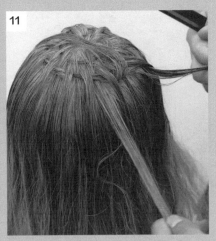

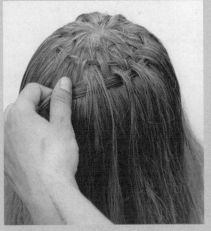

基本上每隔2个经线，就取2个经线向上放置，这样进行编织。

重复操作，是纬线从2条经线下掏出来，再从2条经线上跳过去。

一直用尖尾梳的尾部一个一个地编织；当下面没有碎发之后，将发梢用尖嘴夹固定。

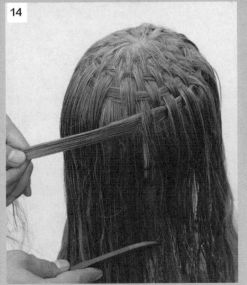

从这个位置开始，不要再每次通过两条经线、跳过两条经线来编织了，而是每次通过1条经线、跳过1条经线来编织。

左半头再次开始编织。

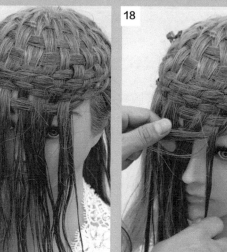

发梢用尖嘴夹固定。

按照同样的顺序，从端头处开始，依次重复编织。

到现在为止，用发夹固定第15股发梢，和新开始编的第16股发梢编在一起。

左侧编织完了，右侧也开始从端头处同样编织。

发梢同样用尖嘴夹固定。

从端头重复编织。

发梢编完之后，将发梢拧成一个发束。

21

22

23

为了不使发束散乱，将编完的发束扭转固定好。

24

从后面的马尾中分出一小束头发。

25

将这一小束头发围绕扎点紧紧缠绕。

26

把马尾分成4股，为发束①、②、③、④，开始编辫子。

27

发束②和③向左交叉，发束①和④向左交叉。

28

以同样的步骤继续向下编织。

29

一直编至发梢，发梢不用橡皮筋捆绑，直接用手拉直辫子。

30

将上面编好的网状辫子立直，用U型夹固定。

31

用多个U型夹进行固定，保持其稳定；最后喷上发胶，用吹风机固定。

32

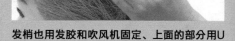

发梢也用发胶和吹风机固定、上面的部分用U型夹固定。

造型17

用编辫法编织面纱

正面   侧面   背面

1

梳理头发，用尖尾梳分出左右两束两侧的发束。

2

将面部周围的头发，左右对称地分好发束。

3

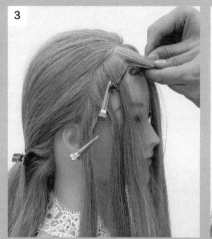  

在分出来的发束的发根处，卷上扭棒。

4

全部发束都卷上扭扭棒之后，将发束分成左右两部分。

5

其中的一般与旁边发束的一半，继续用扭扭棒卷上。

6

分出来的所有的一半发束都用扭扭棒卷上后，再次将卷好的发束分成两半，向下推进，按照同样的步骤操作。

7

一直向下编织到鼻子位置。

8

到鼻子位置，如图，将所有发束向两侧延伸，用扭扭棒依次捆绑。

9

在耳边位置，将所有发束变成一股，发梢打结，系紧。

10

两侧的发梢都固定牢固后，将扭扭棒多余的长度剪掉。

11

后面的头发用卷发棒做卷。

12

卷发后的发型正、侧视图效果图。

13

一边注意平衡，一边将后面头发的发梢打散。

扫一扫

扫一扫

a

b

扫一扫

c

正面　　　　　　　　　　侧面　　　　　　　　　　背面

梳理头发，取前额及两侧的发束拧转固定　取头顶的一束头发用橡皮筋扎成马尾。
在前额。

头顶区马尾编成三股辫，用橡皮筋绑好。

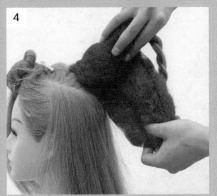

围绕绳辫卷一个圆锥状的假发卷。

5

6

将双耳后面所有头发向上合拢，梳好。

梳理整齐后，用橡皮筋绑好。

7

如图，将前面头发分成发束，暂时固定。

8

前额处留下一绺头发，剩余的发束则编成三股加辫。

9 **10**

继续编发至左右两侧鬓角处的头发都添加进去之后，开始编不加束的三股辫。　　　向右一直编到发梢位置，用橡皮筋固定。

11 **12**

将后面散着的头发分成两份。　　　两份头发都编成三股辫。

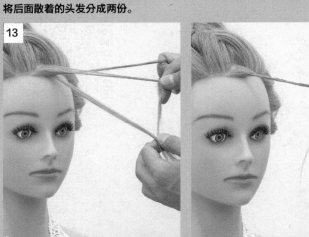

13 **14**

前额处留下的细细的发束也编成三股辫，发梢不编。　　　发梢逆向梳理。

用手指将前额的小三股辫进行撕拉，撕出些发缕；将前面头发编成的三股辫也用手撕出些发缕。

后面的2个三股辫也进行撕拉，解开发梢的橡皮筋，向上拉至，用U型夹固定。

前面的头发用波浪夹进行固定。

扫一扫

第5章

用发卷做出带有质感的设计

发卷的设计变化。
这一部分介绍的是用发卷强化设计形态的例子。

造型19
手指做出的波浪卷造型

造型20
前面做出较大发卷的造型

本章将讲解如何通过对发卷卷发的应用，打造仿佛饱含空气感的层次感发型。

造型21
两侧向后反转，后面做成卷发的设计

造型22
弹簧卷和蜗牛卷混合做出的华丽造型

造型23
三股辫和蜗牛卷混合的造型

造型24
弹簧卷和蜗牛卷混合做成后发髻

手指做出的波浪卷造型

正面　　　　　　側面

側面　　　　　　背面

编发过程

1

将头顶分出的头发向后拉伸，将发梢回转一下后，用大发夹固定。

将侧发区和后脑区的头发分好几次逆向梳理，发根处有毛发立起来，左侧发区头发向后拉伸，用S形梳将发表整理好。

在后脑区中心线附近平行固定。

撩开发梢，将发束向里拧。

拧完的部分用波浪夹固定。

继续用波浪夹固定卷入的头发，调整卷起发束的造型。

预留的顶发区的头发，向上拉伸，从发根到发梢逆向梳理。

用手指调整发量。

用S形梳将发束表面整理好。

将头发扎起，发梢卷成卷。

在另一侧将发梢固定好。

如图，在这一位置用圆形发箍把碎发整理干净，再用波浪夹固定发箍。

用手指调整发量，以及发型的走势。

用U型夹调节发型。加上发饰后，发型完成。

 扫一扫

造型20

前面做出较大发卷的造型

正面

侧面

侧面

背面

编发过程

1

发束定位正面视图。将全部头发在头顶右侧扎成一束。

用烫发器将发束做成卷，注意发梢的形式变化。

用手指将发束逆向打理。

一边把握平衡，一边将头发整理成较大的发卷。

5

发卷整理完毕后，在另一侧戴上发饰。

扫一扫

两侧向后反转，后面做成卷发的设计

正面   侧面   背面

1

将头顶的一束头发向前拉伸回转后，用大发夹固定。

2

3

从左侧发区取一束头发用鸭嘴夹暂时固定在耳侧。　　　　右侧同左侧发区一样取一束发束拧转固定。

4

在头顶位置取一束发束扎成单马尾。

5

从马尾下面的发根处取出一小束头发，缠绕马尾的扎点，最后用U型夹固定。

6

用手将右侧发区头发表面将平，将发束向后梳理；撇开发梢将发束向内侧拧，在左后方用波浪夹固定。

7

左侧的头发也同样梳理，用手指将发束整理好，避开步骤6中发束的发梢，将发束向内拧，在另一侧固定好。

8

将前面的头发整理整齐。

将前面的头发向后拉伸，撇开发梢用U型夹固定在步骤7中固定的　将带卷的发束拉到马尾的发根处用U型夹固定。
发束上。

另一侧也同样将发束抬起，用U型夹固定。　　用发卷修饰细节，进行调整。

 扫一扫

造型22

弹簧卷和蜗牛卷混合做出的华丽造型

正面　　　　　　侧面

侧面　　　　　　背面

编发过程

1

发束定位侧视图。划分出各个发区，用卷发棒卷好固定。

2

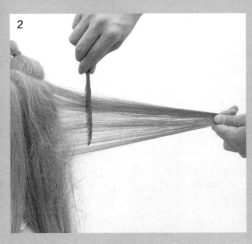

将侧发区和后脑区的头发都逆向梳理。

3

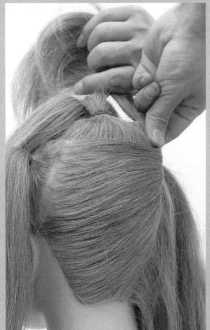

然后用梳子整理好发束,向后梳顺,向上折叠覆盖到右侧马尾的发根上。

4

在发束根部扭转,用U型夹固定。

同样将右侧发区的头发向后拉，撇开发梢，拉向左侧马尾的发根处固定。

将步骤3和步骤5中的发束，撇开发梢，用U型夹固定发卷。

使用卷发棒将脑后马尾做卷。

拉出右侧马尾，用手指整理成大卷。

用U型夹固定发卷。

左侧下面的马尾也整理成大卷，在上面马尾的根部用U型夹固定。

11

12

前面的发束做成弹簧卷。

在不破坏弹簧卷的前提下，用手做出蜗牛卷，用波浪夹固定发卷。

13

14

左侧上面的马尾也做成蜗牛卷。

发卷用一字夹固定。

15

从发卷中拉出刘海，用波浪夹固定。

戴上发饰，造型完成。

扫一扫

造型23

三股辫和蜗牛卷混合的造型

正面　　　　　侧面

侧面　　　　　背面

编发过程

1

发束定位后视图。后面的头发一多一少左右分开。

右侧的头发编成表面三股辫。

表面三股辫编好。

4

左侧的发束，撇开发梢拧成发束。

发束拧好后，旋拧，用波浪夹固定。

将发束用手打散，做成卷。

用波浪夹固定发卷。

左前方发际线的头发也用手做成卷。

用手将发梢整理出发卷，用波浪夹固定。

右前方发际线的头发也做成卷；将带卷的发束覆盖在步骤9中的发束上。

右侧的头发也用手做成卷。

然后覆盖在上一步骤的发束上，调整发卷。

将三股辫卷到左侧，用U型夹固定。

14

将U型夹抻直，固定发卷。

弹簧卷和蜗牛卷混合做成后发髻

正面　　　　　　　　侧面　　　　　　　　背面

取头顶的发束进行梳理，拧转后用鸭嘴夹固定在头顶。

用橡皮筋将左右侧发区的发束分别固定在脸侧。

发束定位后视图。

前面的头发用梳子逆向梳理。

然后将发束表面整理好；撇开发梢，扭转发束，扭到后脑中心处马尾的发根处；将拧好的发束做成卷，用U型夹固定。

6

然后将左侧马尾拧一下，将
发束围着扎点缠绕，绕至发
梢后用波浪夹固定。

7

将步骤7中固定好的发梢的一部分也做成卷，用波浪夹固定。

8

右后侧的马尾也撇开发梢扭转发束。

在发根处将扭转好的发束翻转，用波浪夹固定。

后脑中心处的马尾分成两部分。

一半发束上卷，紧贴发根处进行固定。

扭转另一半发束，如图，以指根处为起点进行反转。

做成发卷，在发根处扭转固定。

14

撇开发梢做成蜗牛卷。

15

前面的发束用发胶固定，造型完成。

扫一扫

第6章

用发卷来表现的造型

用"分散的技术"设计出精益求精的造型。
稍加用心就能表现出丰富的形态变化。

造型25
活泼的莫西干卷

造型26
弹簧卷和蜗牛卷
混合做出的华丽
造型

造型27
头顶做出蓬松效
果的造型

造型28
天使发髻

133

活泼的莫西干卷

正面　　　　　　　　　　侧面　　　　　　　　　　背面

1

前面的头发用梳子逆向梳理。

2

整体上将头发梳理得很蓬松。

3

侧面的头发向头部正中线梳理。

在头部正中线集中的发束用波浪夹平行固定。

继续平行固定。

后颈处的头发也向上平行固定。

另一侧的头发也沿着正中线平行固定。

左右两侧用丝带装饰，完成造型。

扫一扫

弹簧卷和蜗牛卷混合做出的华丽造型

正面

侧面

侧面

背面

编发过程

依图将两耳侧的头发扎成马尾。

2

3

剩余的头发用橡皮筋在左颈固定。

发束定位后视图。

4

6

将前面的发束向右侧拉伸，用梳子将头发梳散。

5

将发束向后方拉伸。

将前面的头发固定在后面。

7

左下方的马尾用手打散。

139

头顶的马尾也用手打散。

为了支撑打散的发束，用U型夹固定。

紧贴左侧，按照想要的走向来固定发束。

扫一扫

头顶做出蓬松效果的造型

正面　　　　　　　　　　侧面　　　　　　　　　　背面

用鸭嘴夹固定前额发束，剩余的头发向脑后梳理并用橡皮筋进行固定。

发束定位侧视图。

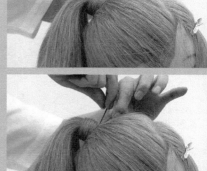

从马尾中取 一小股发束，围绕扎点缠好。

一边将马尾向发根处对折，一边用手指将发束拨出柔软感；将对折好的发束用橡皮筋固定。为了使发束有空气流通的感觉，用手调整发束。

5

取出发梢，观察长度，使发梢持平。

6

前面的头发，从正中线呈"之"字形分开，分界线看起来要自然。

7

取出后颈处的发束，发梢用卷发器卷好。

如图，为了不使过多的头发盖住脸部，将刘海向上整理。

扫一扫

天使发髻

正面   侧面   背面

1

用卷发棒将前额及右侧发区的发束分别做卷，并用鸭嘴夹固定。

2

左侧发区重复上述操作步骤。

3

后脑上侧发束拧转后用
鸭嘴夹固定在脑后。

4

5

将后颈处的发束做卷。

发束分区定位侧视图。

6

在G.P处扎一个马尾。（G.P即黄金分割点，下巴和耳上连线向上延伸，和正中线的交叉点为黄金分割点）。

7

 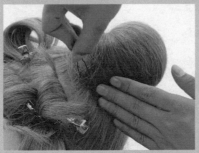

将假发卷向下裹进发束内，从两侧固定假发卷；将发束扩散开，成为基座。

147

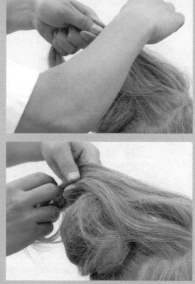

将脸部发际线的发卷用手逆向梳理，用手做出松软的烫发的感觉。

将发梢紧贴基座，用U型夹固定。

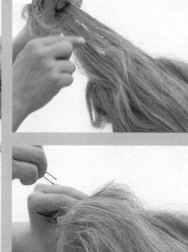

后颈处的发束也用手做出松软的烫发的感觉，也将发梢紧贴基座，用U型夹固定。

右侧的发束用手做出松软的烫发的感觉，固定在基座上。

将后面的头发一边放下来一边整理形状。

将发梢用发夹固定。

14

将前额发束打散，做好形状后，用波浪夹固定。

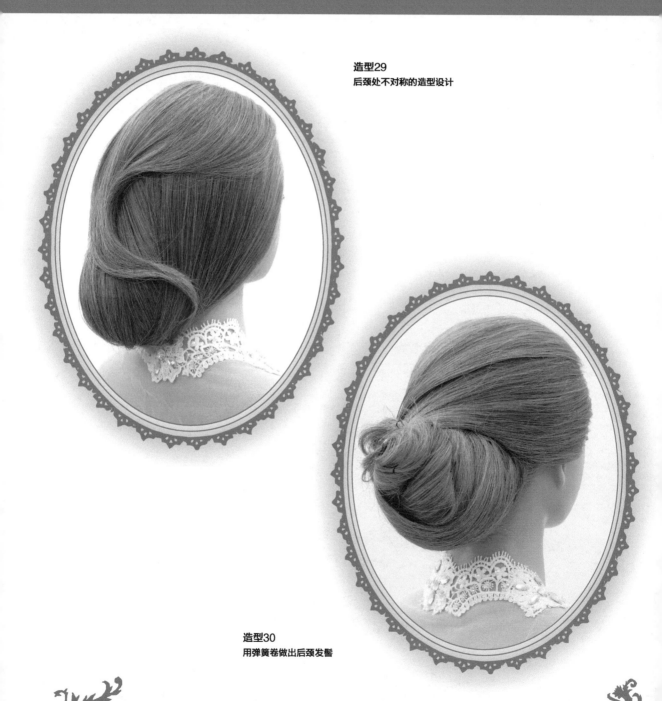

第7章

🌀 烫发造型

在富有装饰性的基础上加上烫发的曲线来强化造型的案例

造型29
后颈处不对称的造型设计

造型30
用弹簧卷做出后颈发髻

本章将讲解如何在一基础发束上通过烫发操作，从而做出不同富有装饰性的发型。

造型31
低重心弹簧状后颈发髻

造型32
手指烫发

造型33
前方不对称的烫发造型

后颈处不对称的造型设计

正面

侧面

侧面

背面

编发过程

1

如图所示将发束分区固定。

2

发束定位后视图。

3

发束定位左视图。

制作一个和图中大小一样的假发卷，将假发卷裹进后面马尾，用波浪夹固定。

将发束扩展开，呈扇状，两侧用波浪夹固定。

将中间区域的发束分成左右两部分。

153

左半部分在内侧进行逆向梳理。

用气垫梳整理发束表面,将发束向下覆盖发髻,用U型夹预固定。

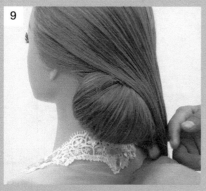

发束从发髻下面绕过,绕过发髻向上拉出;发梢围绕发髻用U型夹固定。

右侧的发束也用梳子在内侧逆向梳理，整理好发束表面之后，像左侧的头发一样。

发束向下覆盖发髻，从发髻下绕过，并用U型夹固定。

头顶处的头发从内侧逆向梳理出倒立的毛发；将U型夹抻长，在发束内侧进行固定，使前面的头发立起来。

13

然后将发束做成烫发的走向，用U型夹预固定。

14

一直到发梢都喷上发胶后，取下预固定的发夹。

扫一扫

造型30

用弹簧卷做出后颈发髻

正面

侧面

侧面

背面

1

将头发梳理通顺，将两侧发区的头发用鸭嘴夹固定；再将剩余发束用橡皮筋固定在脑后。

157

用卷发棒从发根开始将发束卷成筒状。　发束定位后视图。　发束定位侧视图。

取假发卷放在后脑处的发束下。

假发卷从下向上包围马尾的扎点，用波浪夹固定。　假发卷固定后的效果。

将左侧的发束在内侧逆向梳理。

然后一边梳理，一边将其扎成一束。

将发束向下绕过假发卷，发梢用波浪夹固定在假发卷上。

右后侧区域的头发从内侧逆向梳理。

用梳子整理发束表面，向下绕过假发卷。

用发束覆盖发髻，并用波浪夹固定。

右前方的发束，也从内侧逆向梳理出倒立的毛发。

整理好表面，向左覆盖发髻，并从发髻下面绕回来，用波浪夹固定。

16

前面的头发也从内侧逆向梳理，梳理出倒立的毛发。

17

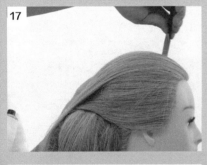

将头发表面整理干净，保持发梢向后下垂，用发夹固定。

18

用手指卷发梢，一直卷到中间。

拔出手指，卷出的卷用U型夹横向固定。

发梢的发卷用U型夹固定。造型完成。

造型31

低重心弹簧状后颈发髻

正面 侧面

侧面 背面

编发过程

1

发束定位后视图。

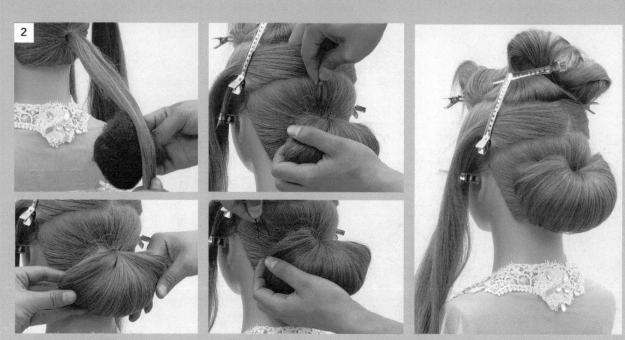

2

后颈处放置假发卷，用发束卷裹后，将发束向两侧展开；发束展开后，两端都用波浪夹固定。

3

左后方的头发，从内侧进行逆向梳理，将发表整理好，发束从发髻的下面开始卷裹；发梢绕到发髻上方，用U型夹扭转固定。

4

右后侧的头发也同样处理，内侧逆向梳理，表面整理好，从发髻下面开始卷裹，发梢绕过发髻后用波浪夹固定。

头顶区域的头发向根部逆向梳理，向后放下来，聚拢发梢，整理好发束表面，在发髻中央用U型夹固定。剩下的碎头发，做成一个发圈，用U型夹暂时固定。

左侧发区的头发，从发中到发根逆向梳理，梳理出立着的毛发；将发束表面整理好，向右围绕卷裹发髻，发梢从发髻下方紧紧卷入发髻。

右侧发区的头发也从内侧逆向梳理，然后整理表面，向左拉至发髻位置，发梢做一个卷，用U型夹预固定。

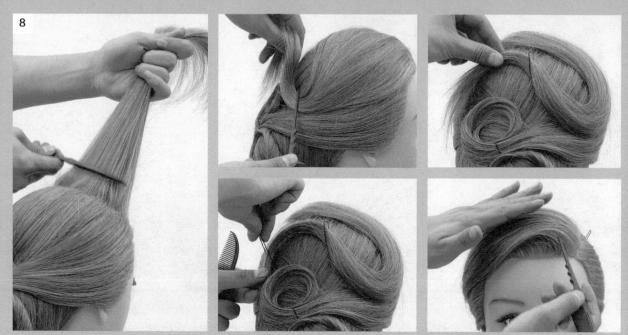

将右前方的头发向根部逆向梳理，梳理出立着的毛发。用一字夹将刘海预固定，然后将头发向后整理，在发髻上整理出头发的走势，喷上发胶定型，然后去掉预固定的发夹，造型完成。

正面　　　　　　　　　侧面　　　　　　　　　背面

头发分区图，仅在前面将头发分成一多一少两部分；将头顶的头发，发根处逆向梳理。整理好后面的头发，在后面扎成一个马尾。

用细卷发棒烫发，右手拿卷发棒，和梳子保持一定距离，呈中空状烫发，将头发烫出向阶梯那样一棱一棱的样子。

用鸭嘴夹固定烫好的发卷，继续向下推进烫发；一直烫到耳朵下方位置，一边烫一边用鸭嘴夹预固定。

另一侧用较大的卷发棒烫成大卷，烫法和左边一样。

左侧烫好的样子。

右侧烫好的样子。

烫好的发梢扎成一束，然后分出一小束头发，烫成比较结实的发卷。整个发束分成多个小发束，重复进行卷发。

发束分得越细越好，从发根处开始一点点地卷起。

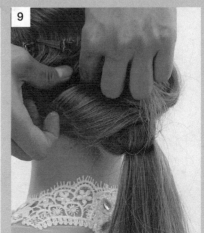

然后在发卷的中部，用波浪夹进行固定。

将发梢部分向上拉伸，用梳子梳理好，用U型夹旋拧固定。

取第2个发束，卷烫后以食指为中心做发卷，发梢用U型夹固定。

将剩余发束分束进行卷烫，以便重复后面的操作步骤。

170

一边注意平衡，一边用U型夹固定发卷。

造型33

前方不对称的烫发造型

正面　　　　　　側面

側面　　　　　　背面

编发过程

在刘海处，垂直于头皮用卷发筒卷3个发卷。

整理左侧的头发，向右梳理。

在后脑中心线位置平行固定。

 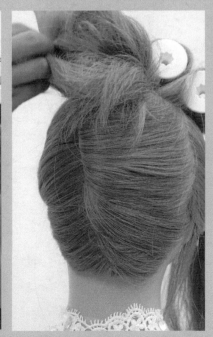

侧位于耳后的头发用梳子将表面整理好，以拇指为支点，撇开发梢将发束内卷。

5

 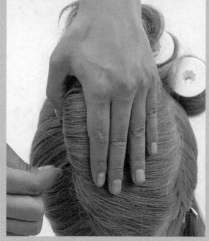 

左右两侧重合的部分用波浪夹固定。

6

将发梢部分用梳子进行梳理，用U型夹拧转固定在头顶。

7

在右侧发区的中心位置，取一块正方形区域，该区域发束变成一个三股辫。

8

将三股辫做成丸子头，作为基座。

9

将假发卷放在基座上，两侧用波浪夹固定。

10

用基座周围的发束，包裹假发束；整理好发束表面，在假发束前端用橡皮筋绑好。

11

将发梢卷上卷发筒。

12

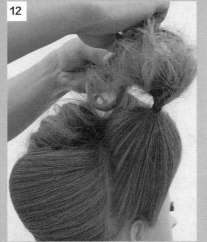

取下卷发筒，从前往后用手将发卷拨开，用U型夹固定发梢。

13

向左越过正中线，在正中线附近用波浪夹固定发卷。

14

最左侧的发束，一边用手指打毛，一边覆盖在中间的筒状卷上。用抻直的U型夹放在发梢中心，以支撑发型。

第8章

波动的质感

将发束做成具有像波浪那样的波动感的样式，来展开造型设计。

造型34
五重式晚宴盘发造型

造型35
以叠发为基础的拧发设计

本章将讲解如何通过柔和的发辫搭配柔美的饰品，体现温婉与典雅的知性美。

造型36
起伏式拧发设计

造型37
以波浪卷为装饰的高发髻造型

造型38
用发束的波浪形曲线做装饰的设计

造型34

五重式晚宴盘发造型

正面

侧面

侧面

背面

编发过程

1

发束定位后视图与侧视图。

将后颈处的头发逆向梳理，用梳子梳理出蓬松感。

后颈处上方的头发，从接近发根处逆向梳理，也梳理出蓬松感。耳前的两侧发区，靠近正中线提拉，逆向梳理出蓬松感。

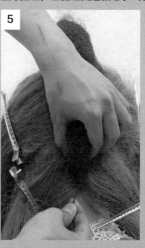

做一个胡萝卜形状的假发卷。　　　在后颈上方将假发束竖向安置，假发卷的小头朝下，大头朝上，用波浪夹将假发卷上下都固定好。

6

用气垫梳将左侧后颈部的头发表面梳理光滑；将发梢卷成螺旋卷，然后将卷成螺旋卷的发梢用工一字夹固定在假发卷右侧。

7

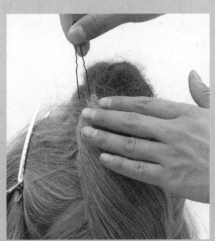

将右侧后颈处发梢表面梳理光滑，发梢拧成螺旋卷，固定在步骤6中固定的发卷上。

8

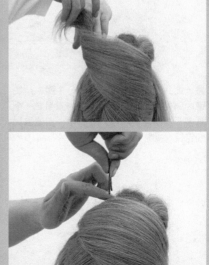

将左侧后颈上方的头发，表面梳理光滑，平整地覆盖在步骤7中做好的头发上，用波浪夹扭转固定好。右侧后颈上方的头发也同样处理，扭转覆盖在左侧做好的头发上，将发梢内折，用螺旋夹扭转固定。

181

将左侧耳朵前面的头发表面梳理光滑，用右手夹取发束，使该发束呈扇面，然后向前向内折去；将刚刚折过来的发束的中间部分，用一字夹固定在基座上。将右耳前方的头发用气垫梳梳理表面，保持好发束表面不被破坏的同时，撕开发梢，将发束向右向内拧，拧好的发束用波浪夹固定。

将发梢的表面整理好，分成若干束，都做成波浪卷，对做成发卷的发梢进行预固定。

另一侧头发的发梢也整理成一个面，从发束内侧将发束梳理蓬松，向内侧卷成一个丸子。最后将发梢卷入发髻中，用波浪夹固定好。

造型35

以叠发为基础的拧发设计

正面　　　侧面

侧面　　　背面

编发过程

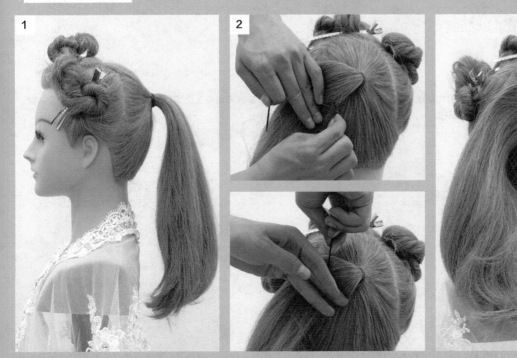

1

2

发束定位侧视图。

后面的马尾，挪一下橡皮筋的位置，整理出一个小丸子。

3

取一个假发卷，放到刚才整理出的小丸子上，用波浪夹将假发卷上下固定好。

4

然后将马尾折返，覆盖假发卷，包裹假发卷后，将发梢做成波浪卷，从假发卷的内侧用波浪夹固定好；用密齿梳梳开，使发束包裹整个假发卷。

5

将头顶的发束向上提拉，接近发根处逆向梳理，将这束头发向后覆盖假发卷。覆盖到假发卷上之后，从发束中间部分拧成一股头发，将发梢团起，用波浪夹固定在发髻的底部。

6

7

左侧后颈处的头发，用密齿梳梳顺，向右上方拉起，覆盖假发卷，发梢拧成螺旋卷，用波浪夹扭转固定。

前面沿脸部发际线取一束头发，向后覆盖在假发卷上，并从发中开始拧成一股头发，发梢右下向上卷起固定。

将右耳上方的发束向后水平拉伸，在发髻中央的位置，将发束拧成一股，将发梢卷成卷，向发髻内侧固定。

后颈右上方的头发精梳一下，向左上方提拉，覆盖发髻，在超出发髻中心的位置，将发束拧成一股，将发梢卷成卷，收到头发内侧，用波浪夹固定。

右侧鬓角处的头发，也同样处理。

左侧太阳穴处的头发也同样处理，将发束拧成一股，通过发髻中间位置，发梢向下用波浪夹固定好。

右侧发发际线处的头发也 一样，在发髻中央位置开始拧成一股，一直拧至发梢，发梢用波浪夹固定在图中所示的位置。

左侧发际线处的头发同样处理，将所有的发梢都卷成螺旋卷，塞到发髻里面。

扫一扫

a

扫一扫

b

造型36

起伏式拧发设计

正面　　　　侧面

侧面　　　　背面

编发过程

1

发束定位左侧视图。

2

左侧发区的头发，从上面取一束，用尖尾梳的尾部卷起，内卷，做成一股扭辫儿。

3

扭辫儿做好后，将发尾固定好后面马尾的根部。

从左侧发区取另一束头发拧辫，将发尾固定在马尾的根部。

左侧发区剩余的头发再依次拧辫，发尾固定在马尾的根部。

将马尾向左折去，取一个假发卷，放在马尾根部，用波浪夹固定好。

7

然后将马尾折回，梳理光滑，覆盖假发卷做成丸子；将发梢卷到假发卷下面，用波浪夹固定好。

8

将头顶的头发，在接近发根处逆向梳理，将发束表面整理光滑，向下覆盖丸子，保证头发不会散落的前提下，将头发用U型夹预固定；用波浪夹将发梢固定在丸子底部。

9
10

将前面发际线处，正中线左侧的头发精梳，整理出层次。　　　　一边将发束整理出波浪状，一边用波浪夹预固定。

向右推进，取正中线上的头发精梳，一边整理出波浪形状，一边用波浪夹预固定。

正中线右侧的头发精梳，一边整理出波浪形状，一边用波浪夹预固定。

右侧耳朵上方的头发也按照同样的步骤来操作。

14

最后用手指调整造型，在右侧发髻处固定饰品，完成造型。

以波浪卷为装饰的高发髻造型

正面　　　　　　　　　　　　　侧面　　　　　　　　　　　　　背面

1

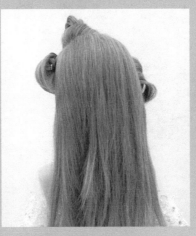

发束定位侧视图及后视图。

2

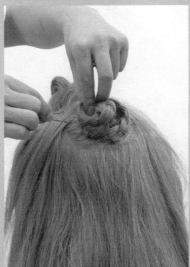

在黄金分割点，用三股辫盘成一个丸子，作为基座。

3

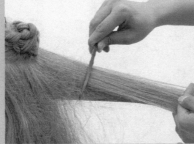

以基座为中心，将四周的头发逆向梳理，梳理出蓬松感。

4

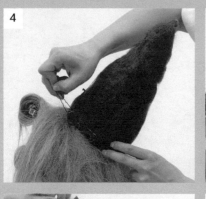

基座周围的头发梳蓬松之后，将圆锥形的假发锥放在基座上，用波浪夹固定好假发锥。将刚刚梳蓬松的头发向上集中到假发锥上，用气垫梳将头发表面梳理光滑，将梳理好的头发在假发锥的顶部用皮筋扎成一束。

5

6

在耳后取一束头发，向上拉起。

将这束头发的发梢扭转，在发锥顶部用波浪夹固定。

7

另一侧相同位置取发束，做同样的处理。

194

然后准备片波浪式假发片，将假发片的发根叠在一起扎起来和发锥的尾部绑在一起。

将前面发际线处的头发如图分成7等份。

从左侧鬓角处开始，将发束表面整理光滑，用手指做出需要的纹理，顺着头发生长方向做出波浪形纹理，用U型夹预固定。向上取第2个发束，同样用手处理成波浪形，用U型夹预固定。

然后从右侧鬓角处也开始重复同样的步骤，其他发束也按照头发生长方向做成波浪造型。　7个发束都制作完成。

13

用U型夹调整发束方向的同时，进一步扩展顶部的假发片，做出造型。

14

将处理好的头发临时固定后，用定型发胶定型。然后去掉预固定的发夹，造型完成。

造型38

用发束的波浪形曲线做装饰的设计

正面　　　　　　　　　侧面　　　　　　　　　背面

1

发束定位侧视图。黄金分割点位置用三股辫盘成丸子，作为基座。

2

以基座为中心，将周围的发束从内侧逆向梳理，梳理出立着的毛发。

3

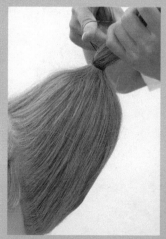

将圆形的假发团固定在基座上，用波浪夹固定；用周围刚才逆向梳理的头发包裹住头发团，将头发整理成圆锥形的圆锥塔，用气垫梳梳理发表。

4

在塔顶处用手握住发束，将发束分成3股编成三股辫；将三股辫折向前方，固定。

5

将前面的头发和两侧头发从内侧逆向梳理。

6

将左侧的头发表面整理好，向上覆盖发锥，在发锥右侧旋拧成一束，然后固定。

7

右侧的头发也同样处理。

将前面头发的表面整理好，前面的头发向后拉伸。覆盖发锥后将发梢旋拧，用U型夹固定。

准备几根和头发颜色不一样的假发束，涂好蜡，整理成一条条的形状，在塔顶处将假发束用波浪夹固定好。

取一根假发束，一边进行形状设计，一边用U型夹预固定。

其他的假发束也同样处理，一边进行形状设计，一边进行预固定。

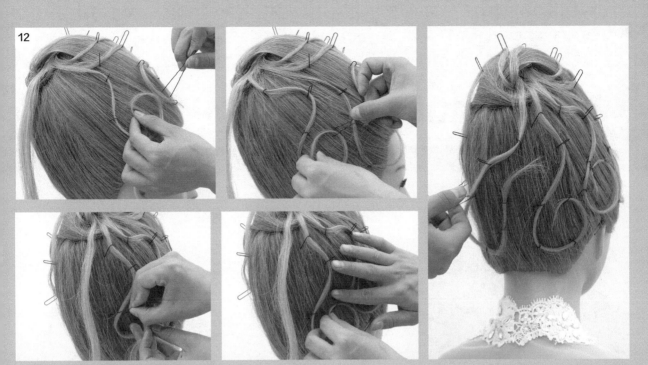

12

全部假发束的形状做完后用发胶定型。

13

最后去掉预固定的发卡，完成造型。

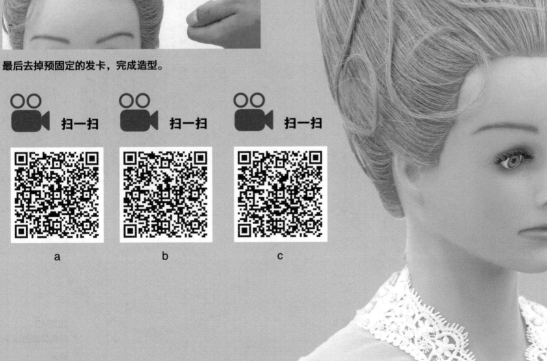

第9章

❀ 进化的上升造型

加入时代和潮流等元素，就能创造出新的造型，这也是上升造型的魅力之一，设计要与时俱进。

造型39
前面部分头发做出
轻便的丸子头

造型40
起伏式拧发设计

造型41
松垮型辫子

造型42
线条明朗的辫子
造型

造型39

前面部分头发做出轻便的丸子头

正面

侧面

侧面

背面

编发过程

1

将头发在前面扎成一束，与左侧发区的头发分开。

2

发束定位侧面视图。

3

发束定位背面视图。

4

在前面固定一片假发片，作为刘海，在马尾的根部再固定一片颜色不同的假发。

5

将左侧头发全部拉起，和马尾合在一起。

6

将合起来的头发绑成一束。

7

将绑好的头发，用手指打散，做成旋涡状的发流。

8

用尖尾梳的尾部整理发流。

按照设定的长度修剪刘海，右侧的假发片也按照设定的长度修剪，完成造型。

起伏式拧发设计

正面   侧面

侧面   背面

编发过程

1

发束定位后面视图。

2

发束定位正面视图。

3

在左侧的马尾取出一小束头发，围绕扎点缠绕，缠绕后用波浪夹固定。

4

右侧同样取一束发束缠绕后用波浪夹固定。

5

将马尾剩余的部分分成3份，接近发根处逆向梳理，梳理出立着的毛发。

6  **7**

将假发卷放在扎点位置。 用逆向梳理的头发覆盖假发卷，发梢用橡皮筋绑住。

8

相反侧也按照同样的方法来制作。

在发梢的扎点处绑上丝带。

造型41

松垮型辫子

正面　　　　　　　　　侧面　　　　　　　　　背面

1 如图所示将后脑发束扎成两束马尾；左右发区发束分别做卷用鸭嘴夹固定在头部两侧。

2 发束定位正面视图。

3 将左侧上半部分的头发逆向梳理出立着的毛发。

4 为了在发根处做出体量感，将较大的假发卷放在发根处固定假发卷。

5 用刚才逆向梳理的毛发覆盖假发卷，发束表面用气垫梳整理好，覆盖假发卷后用橡皮筋扎成一束。

右侧也一样，上半部分头发从内侧逆向梳理。　在发根处安置假发卷，用逆向梳理的头发覆盖假发卷，然后用橡皮筋绑住。

左右两侧分别从扎点处分出一小股头发，围绕扎点缠绕后固定好。

然后将发束分为3股，编成三股辫，要编得松垮些。　编完后发梢不用固定。

另一侧也同样处理最后用手指将马尾拉散。

扫一扫

造型42

线条明朗的辫子造型

正面　　　　　　　侧面　　　　　　　背面

编发过程

发束定位侧面视图。

发束定位背面视图。

耳后向上位置取出一大束头发。

开始编成鱼骨辫。

一边编辫子，一边将辫子的方向向前移动。

一直向下推进编鱼骨辫。

7

编至发梢用橡皮圈固定。

8

同样在右侧发区取一束头发编鱼骨辫。

9

编至脑后与左侧鱼骨辫同样的长度，注意力度适中，不要太松也不要太紧。

10

编至发梢，将发辫用橡皮圈固定。

11

编完后，将发梢用彩带固定。相反侧也一样处理。

12

修剪刘海和侧边的头发，按照设定的造型剪出线条。

扫一扫